AF385101

V

COMPAGNIE
GÉNÉRALES SUR LA VIE.
Richelieu, 97, à Paris.

EXPLICATIONS

DES

ASSURANCES SUR LA VIE

PAR

M. LOUIS BELLET, auteur du CODE DE LA FAMILLE,
du PROPAGATEUR des ASSURANCES CONTRE L'INCENDIE, etc.

Le fonds de garantie de la Compagnie d'Assurances
générales sur la Vie s'élève, pour 1845, à
20 millions,
réalisés en immeubles, placemens hypothécaires,
et valeurs sur l'État.

Les Immeubles de la Compagnie se composent actuellement :

1° De l'Hôtel de la Compagnie, *rue Richelieu*, 97 ; 2° de l'Hôtel Boutin, *même rue*, 89 ; 3° de l'Hôtel Mercy, *boulevart Montmartre*, 14 ; 4° de l'Hôtel Aguado, *rue Grange-Batelière*, 6 ; 5° de Maisons, *rue Neuve-Saint-Marc*, 1 et 3 ; 6° de l'Hôtel du Jardin-Turc, *boulevart du Temple* ; 7° d'une Propriété, *quai Valmy*, 43, 43 bis, 43 ter ; 8° d'une partie de la Forêt de Montmorency, triage de Saint-Leu.

La Compagnie est représentée dans la plupart des villes de France et notamment à ABBEVILLE, par M. *Lemoine*;

1845

AGEN, *Neychens et Hugonis*; ALBY, *Cazajeux père et fils*; ALENÇON, *Pinoul*; AMIENS, *Delahaye*; ANGERS, *Quris-Jallot*; ANGOULÊME, *Maroussem*; ARRAS, *Crépieux père et fils*; AUCH, *Ach. Rivière*; AURILLAC, *Larial*; AUTUN, *Billard*; BAYONNE, *Plantié aîné*; BEAUVAIS, *Naquet*; BESANÇON *Brétillot et Comp.*; BORDEAUX, *Burgairolles, rue des Fossés-du-Chapeau-Rouge, 38*; BOULOGNE-SUR-MER, *A. Pamard fils*; BOURGES, *Boyer*; BREST, *Valeri*; CAEN, *Bellamy*; CAMBRAI, *A. Dejardin, notaire*; CARCASSONNE, *Daguel*; CARPENTRAS, *Garrigue*; CETTE, *Durand*; CHALONS-SUR-MARNE, *Laurent Evrain*; CHATEAU-THIERRY, *Presse*; CHATELLERAULT, *Poiderin*; CHERBOURG, *Sorel*; CLERMONT-FERRAND, *Lachapelle*; COLMAR, *Kuhlmann*; DIJON, *H. Fouleux*; DRAGUIGNAN, *Blein*; EPINAL, *Henry*; EVREUX, *Lemire*; FONTAINEBLEAU, *Gaultron jeune, rue Saint-Merry, 409*; GRENOBLE, *A. Planchet et Etably*; HAVRE, *Al. Molinié*; LA ROCHELLE, *Pellevoisin et Comp.*; LAVAL, *Moreau*; LILLE *Loncke et Mac-Cartan*; LIMOGES, *Aug. Laroche*; LORIENT *Etienne*; LYON, *Ed. Reveil*; MACON, *Béranger*; MARSEILLE *A. Dubernad*; MAYENNE, *P. Brou*; MEAUX, *Linardon*; METZ, *Simon*; MONTAUBAN, *Lescure*; MONT-DE-MARSAN *Latappy (Vincent)*; MONTPELLIER, *Blavy, avoué*; MOULINS *Barnichon*; MULHOUSE, *Schweisguth-Coudray*; NANCY, *Haudeville*; NANTES, *Demolon et Buron*; NEVERS, *P.-H. Cavy architecte*; NISMES, *Soustelle et Laurent*; NIORT, *Maynier-Fouquet*; NOYON, *O. Harlay*; ORLÉANS, *Watbled*; PAU, *Nory*; PÉRIGUEUX, *Roux-Bernard*; PERPIGNAN, *Anglade fils*; POITIERS, *Arnoux*; PRIVAS, *Sauzon*; QUIMPER, *Kloch*; REIMS *Desteuque*; RENNES, *Charles Coudé*; ROCHEFORT, *Guérin des Essards*; RODEZ, *Guibert*; ROUEN, *Le Picard père et fils*; SAINT-BRIEUC, *Viennot*; SAINTES, *Guédon*; SAINT-ETIENNE *F. Pioly et J. Croset*; SAINT-MALO, *J. et A. Duhautcilly*; SAINT-QUENTIN, *Duval jeune*; STRASBOURG, *Louis Schertz*; TOULON, *Besson*; TOULOUSE, *Bellot et Raymond*; TOURS *Pélissot Croué et Comp.*; TROYES, *Raby*; VALENCIENNES *Alcide Boca*; VANNES, *Judicis*; VENDOME, *Cuvier*; VERDUN *Braconnot*; VERSAILLES, *E. de Lapalin*; VESOUL, *Grillet cadet*.

EXPLICATIONS

DES

ASSURANCES SUR LA VIE.

TABLE DES MATIÈRES.

AU LECTEUR.

—

Les *Assurances sur la vie* qui existent depuis plus d'un siècle en Angleterre sont encore dans leur enfance parmi nous. Deux causes se sont opposées à leur développement en France. D'une part, les *Assurances sur la vie* étant en général ou peu connues, ou difficilement comprises, les bienfaits que leur institution garantit à la famille, à la société, n'ont pu être justement appréciés. D'une autre part, le système des *Assurances sur la vie* adopté par les Compagnies françaises était loin, jusqu'à ce jour, de présenter au public les conditions favorables dont les Compagnies Anglaises font jouir leurs assurés et auxquelles les *Assurances sur la vie* en Angleterre doivent l'immense succès qu'elles y ont obtenu.

Il appartenait à la *Compagnie d'Assurances Générales sur la vie* qui, il y a près de 25 ans, introduisait en France l'institution des Assurances, d'imprimer à cette institution un mouvement progressif, de faire disparaître les imperfections qui viciaient sa nature et arrêtaient son développement, de restituer enfin aux *Assurances sur la vie* toute l'importance qu'elles avaient acquise dans un pays voisin.

Aussi, la Compagnie, après avoir étudié les différens systèmes d'assurances pratiqués en Angleterre, n'a pas hésité à suivre désormais celui dont une longue expérience avait consacré la supériorité. En modifiant profondément les bases du contrat d'assurance, en créant au profit des assurés les avantages les plus réels, la Compagnie favorisera puissamment en France l'extension des *assurances sur la vie* qui voient s'ouvrir devant elles une nouvelle voie.

Toutefois, pour que les *assurances sur la vie* entrent dans nos mœurs, il faut d'abord qu'elles parlent à notre intelligence et que les questions qui s'y rattachent soient mises en lumière et clairement exposées. C'est dans le but de rendre ces questions familières au public que nous écrivons aujourd'hui ces *Explications des assurances sur la vie.*

Si nous pouvions contribuer, pour notre part, à populariser les assurances, à les faire pénétrer au sein de la famille dont elles doivent resserrer les liens, nous nous estimerions heureux de signer ce petit livre et d'associer nos faibles efforts à ceux que déploie la *Compagnie d'Assurances Générales* pour propager en France les *assurances sur la vie* si fécondes en heureux résultats.

Juillet 1843.

CHAPITRE PREMIER.

DÉFINITIONS.

—

Nous avons souvent entendu demander autour de nous ce que c'était qu'une *assurance sur la vie*. Cette question, nous l'avouons, ne nous a jamais étonné; car ces mots *assurance sur la vie*, sont loin d'offrir, au premier abord, un sens précis et suffisamment intelligible. Notre premier soin sera donc de définir ces *assurances*, et principalement celles que nous appellerons, par la suite, *Assurances en cas de mort*.

On sait que le propriétaire fait *assurer* sa maison contre l'incendie, afin d'obtenir l'indemnité des pertes que le feu lui occasionerait; on sait que l'armateur fait *assurer* son navire et la cargaison qu'il contient contre les dangers de la navigation, afin de trouver, si ce navire périt, une réparation du dommage qu'il éprouverait.

Or, les *assurances sur la vie* ont une analogie frappante avec les *assurances contre l'incendie* et les *assurances maritimes*. La VIE d'un chef de famille n'est-elle pas, en effet, une valeur réelle, représentée par le fruit de son travail; n'est-elle pas, s'il nous est permis de le dire, une propriété, aussi bien qu'une maison, qu'un navire, propriété qu'il met en rapport, qu'il exploite par son intelligence et qui est peut-être le seul soutien de sa femme et de ses enfans ? Ceux-ci doivent éprouver une perte matérielle, lorsque cette VIE, si précieuse pour eux, s'éteint ; et, c'est afin qu'ils soient indemnisés de cette perte que le père de famille prévoyant fait *assurer* sa VIE contre les dommages que sa mort fera subir aux siens. Il met donc sa VIE à l'abri des suites fâcheuses qu'un semblable événement peut avoir pour ceux qui lui survivent, comme le propriétaire, comme l'armateur, mettent, par une *assurance*, leurs maisons et leurs vaisseaux à l'abri des suites de l'incendie ou de la tempête.

On peut donc dire que dans son acception la plus étendue, une *assurance sur la vie* est un contrat par lequel celui qui *s'assure* verse en une seule fois, ou annuellement, sous le nom de *primes*, une somme plus ou moins élevée dans la caisse d'une Compagnie *d'assureurs* et obtient l'engagement que cette Compagnie paiera à sa mort, quelque rapproché qu'en soit le terme, quelque imprévu que soit le coup dont il puisse être frappé, un capital plus ou moins considérable à sa veuve, à ses enfans ou à toute autre personne qu'il aura désignée.

L'homme qui signe un contrat de ce genre,

le plus noble, le plus désintéressé de tous, a réfléchi que la mort peut l'enlever à tout âge. Il se sent inquiet, surtout s'il vit de son travail, sur le sort à venir de ceux qui lui sont chers; il craint do laisser après lui dans la gêne les objets de ses affections : une *assurance sur la vie* lui permet donc de répondre à la crainte qu'il éprouve et d'obéir aux besoins de son cœur. Cet homme, d'ailleurs, n'eût-il pas de famille, a peut-être de généreux désirs à satisfaire, un ami à obliger, un bienfaiteur à secourir, des serviteurs à récompenser. La somme produite par *l'assurance* qu'il aura contractée paiera à sa mort la dette de la reconnaissance ou de l'amitié.

Peut-être dira-t-on que, sans faire *assurer sa vie*, un père de famille peut accroître sou héritage, et atteindre ainsi son but par des économies successives et un travail opiniâtre? En admettant cette hypothèse, a-t-on réfléchi au nombre d'années qui lui seront nécessaires pour acquérir, par des épargnes sagement amassées, un capital un peu considérable? 25 années d'économies, nous dirons même de privations, lui suffiraient à peine pour laisser à sa famille une somme qu'un contrat *d'assurance* lui garantira dès le moment où il aura payé la première prime.

EXEMPLE.

Un homme de 30 ans, pour *assurer sur sa vie,*

c'est-à-dire pour laisser à sa mort 10,000 fr., doit payer à la Compagnie qui l'assure 249 fr. par an. Pour se créer un capital égal, en plaçant chaque année à intérêt une économie de 249 fr. et en laissant même s'accumuler les intérêts des intérêts, ce même homme aurait besoin de vivre 24 années. Eh bien ! au moyen d'une *Assurance*, s'il succombe avant ce terme, s'il meurt quelques jours même après avoir signé son contrat, il n'aura payé qu'une somme fort modique, qu'une seule prime peut-être de 249 fr. et il transmettra néanmoins à sa famille une somme de 10,000 fr.

Que ce même homme, sans avoir ainsi recours à une *assurance sur la vie*, demande à obtenir 10,000 fr. après sa mort, moyennant le paiement annuel de 249 fr. pendant la vie, il ne trouvera personne qui veuille accepter sa proposition, personne qui veuille courir cette chance. On le prendra pour un fou ou pour un faiseur de dupes.

C'est donc une conception tout à la fois hardie et généreuse que celle qui a résolu ce problème, en créant des établissements dont les combinaisons se prêtent à tous les besoins, à tous les projets, à tous les âges. Les *Assurances sur la vie*, en effet, sont loin d'être circonscrites dans les limites que nous avons tracées. Variées à l'infini, elles sont susceptibles d'applications nombreuses. Aussi n'est-il aucune classe de la société qui ne puisse en recueillir les bienfaits. C'est ce que nous espérons démontrer.

CHAPITRE II.

DIVISION EN DEUX CLASSES DES ASSURANCES SUR LA VIE.

—

Les *Assurances sur la vie* se divisent en deux classes.

Dans l'une, la Compagnie qui assure garantit un capital ou une rente payable à la *mort* de *l'assuré* à sa veuve, à ses enfans, à ses héritiers, légataires, créanciers ou à toutes autres personnes, au choix de cet *assuré*.

Cette assurance porte la dénomination d'As-surances EN CAS DE MORT. Ce ne sera, en effet, qu'au jour de votre décès, que la *Compagnie d'assurances* devra payer la capital ou la rente qu'elle s'est engagée à fournir par le contrat intervenu entre elle et vous.

Dans la seconde classe, la Compagnie qui assure prend avec *l'assuré* un engagement qui doit profiter directement à cet *assuré, de son vivant*, et qui ne peut être avantageux que pour lui, puisque, s'il meurt, la *Compagnie d'assurances* n'a plus d'obligation à remplir.

On donne à cette classe le nom d'ASSURAN-CES EN CAS DE VIE. Ce ne sera donc qu'autant que *l'assuré* sera vivant qu'il recuillera lo fruit de son *assurance*.

Nos lecteurs concevront déjà que ces deux natures d'*assurances* s'adressent à des intérêts séparés et également distincts. Les pères de famille rechercheront les *assurances en cas de mort* puisqu'elles ont pour but de fonder un capital payable à leurs héritiers. Les célibataires préféreront les *assurances en cas de vie* qui leur garantissent un revenu pour l'âge auquel ils se promettent d'en jouir.

Nous adopterons, pour la suite de cet ouvrage, les deux divisions que nous venons d'établir.

Iᴱᴿᴱ DIVISION.

CHAPITRE III.

ASSURANCES EN CAS DE MORT.

L'assurance en cas de mort qui, comme nous l'avons dit au chapitre précédent, ne produit son effet que lors du décès de l'*assuré* peut être faite de trois manières :

1° Ou pour toute la durée de l'existence de l'*assuré*. On la nomme alors *assurance pour la vie entière*;

2° Ou pour un temps limité; elle prend alors le nom d'*assurance temporaire*;

3° Ou au profit d'une personne désignée à l'avance par l'*assuré*, mais seulement pour le cas où cette personne *survivrait à l'assuré*; on appelle une assurance semblable *assurance de survie*.

Quelques explications, appuyées sur des exemples, rendront sensibles ces divers modes d'*assurances en cas de mort* auxquels nous consacrerons différens chapitres.

CHAPITRE IV.

ASSURANCES POUR LA VIE ENTIÈRE.

—

L'assurance pour la vie entière est un contrat par lequel une Compagnie s'engage à payer, lors du décès de l'assuré, à quelque époque qu'il ait lieu, un capital déterminé à ses héritiers. Pour prix de ce contrat, *l'assuré* paie à cette *Compagnie d'assurances*, pendant toute la durée de sa vie, une prime annuelle, qui, fixée d'avance en raison de son âge (1) et de la somme qu'il veut laisser après lui, demeure invariable jusqu'au terme du contrat.

EXEMPLE.

M. Amyot, âgé de 35 à 36 ans, contracte une assurance pour sa *vie entière*, dans le but de lais-

(1) On conçoit que cette prime s'accroisse avec l'âge de *l'assuré*. En effet, les assureurs devant exécuter leur engagement *à la mort de l'assuré*, plus celui-ci approche du terme de sa carrière, plus les assureurs courent de risques. Quant aux *primes*, elles ont ponr bases de nombreuses observations qui, faites sur la durée de la vie, ont permis de calculer exactement quelles sont, à chaque âge, les chances de la mortalité. L'analyse mathématique a fourni ensuite les moyens d'estimer rigoureusement le prix que doit

ser à sa mort la somme de 25,000 fr.. La prime qu'il doit payer chaque année, pendant toute la durée de sa vie, sera, eu égard à son âge et à la somme garantie, de 710 fr. Maintenant que cet assuré meure 15 ans après avoir payé, en primes, 10,650 fr. ; qu'il meure dans dix ans, après avoir payé 7,100 fr. ; qu'il meure dans 5 ans, après avoir payé 3,550 fr. ; qu'il meure enfin après n'avoir versé qu'une seule prime de 710 fr., le lendemain même de *l'assurance* ; les 25,000 fr. sont, *dans tous les cas*, acquis à ses héritiers.

––––––––

Les *Compagnies d'assurances* rendent donc, au jour de votre mort, à ceux que la nature ou que votre volonté vous a substitués, une somme hors de toute proportion avec votre mise. Nous aurons l'occasion d'expliquer par quelles combinaisons ces Compagnies peuvent arriver à ce résultat.

––––––––

La personne qui s'assure pour sa vie entière doit payer chaque année, pendant sa vie et par chaque somme de 100, 1,000 ou 10,000 francs qu'elle veut laisser à son décès les primes suivantes :

payer chaque espèce d'assurances. En un mot, la fixation des *primes* est dégagée de tout arbitraire ; elle est en rapport avec les engagemens que contractent et que remplissent les Compagnies d'assurances sur la vie.

âge.	pour 100fr.	pour 1,000fr.	pour 10,000fr.
30	2 fr. 49 c.	24 fr. 90 c.	249 fr.
35	2 84	28 40	284
40	3 28	32 80	328
45	3 87	38 70	387
50	4 66	46 60	466

Nous n'indiquons ici que les primes à payer à certains âges et pour certaines sommes. Ce tableau suffit pour établir une comparaison entre les primes à payer et les sommes obtenues.

Avantages accordés
par la Compagnie d'Assurances
Générales sur la vie
aux assurés pour la vie entière.

1º La Compagnie admet les assurés de cette classe à *participer* à ses bénéfices dont elle leur accorde la MOITIÉ ;

2º Elle reconnait que tout contrat d'assurance a, au gré de l'assuré, une valeur réalisable, et pour laquelle elle sera toujours prête à le *racheter* ;

3º Elle consent à prêter à l'assuré la somme qu'il désire obtenir, jusques à concurrence de la valeur de son contrat ;

4º Elle autorise les assurés à payer leurs

primes par semestre ou même par trimestre :

Tels sont, en résumé, les principaux avantages que la *Compagnie d'Assurances Générales sur la vie* a introduits dans le contrat d'assurance POUR LA VIE ENTIÈRE, avantages dont nous allons exposer maintenant toute l'importance.

I.

Participation dans la moitié des bénéfices de la Compagnie.

Le compte des bénéfices de la Compagnie sera établi de 5 ans en 5 ans, à partir du 1ᵉʳ janvier 1842, et chaque *assuré pour la vie entière* recevra, à son choix, sa quote-part dans la MOITIÉ des bénéfices de la Compagnie

En *argent comptant* ;

Ou en *une augmentation du capital garanti* ; c'est-à-dire, dans ce cas, qu'en se bornant à payer annuellement la prime fixée dans son contrat, l'assuré verra s'accroître successivement le capital que la Compagnie doit fournir à sa mort ;

Ou en *une réduction sur les primes à payer*, c'est-à-dire, que le capital garanti par la Compagnie restant le même, la prime annuelle à payer par l'assuré s'abaissera graduellement et pourra même s'éteindre complétement.

Voilà en quoi consiste la *participation* que la *Compagnie d'Assurances Générales* accorde aux *assurés pour la vie entière*; voici maintenant les avantages de cette *participation*.

Si, dans une assurance contractée pour la *vie entière*, par exemple, l'assuré meurt avant le terme moyen des hommes de son âge, il aura fait évidemment une opération avantageuse pour sa famille; celle-ci, en échange de quelques primes payées, recueillera peut-être un capital considérable. Mais si la vie de l'assuré s'étend au-delà de ce terme moyen, l'assurance lui devient onéreuse. D'une part, il est exposé à payer en primes une somme égale ou même supérieure au capital qu'il laissera à son décès; d'une autre part, il peut craindre que ses ressources diminuant avec ses forces, il ne soit plus à même de subvenir au paiement de sa prime.

La PARTICIPATION dans les bénéfices de la Compagnie obvie à ces inconvéniens.

Supposons en effet que la vie de l'assuré se prolonge et qu'il continue à payer annuellement la prime fixée au moment de son assurance; il ne regrette plus le paiement de cette prime, s'il peut en supporter la dépense, puisque les répartitions successives auxquelles il a droit jusqu'à sa mort, dans la MOITIÉ des bénéfices de la *Compagnie*, lui permettent d'espérer que le capital qu'il a voulu constituer sera doublé et triplé même au moment de son décès. Dans ce cas, la prime ne varie pas ; elle est toujours exigible ; mais l'assurance acquiert une plus grande valeur Admettons maintenant que cet assuré ne veuille pas augmenter le capital ou la rente garantis par la *Compagnie*, ou que l'acquittement de la prime soit devenu pour lui une charge depuis long-temps pénible ; ces mêmes bénéfices viendront alors en déduction de cette prime, et pourront la réduire infiniment. Dans ce cas, la somme assurée ne s'accroît pas, mais les charges de l'assurance diminuent et peuvent entièrement cesser. Ainsi, dans les Compagnies *d'assurances sur la vie*, en Angleterre, un nombre immense d'assurés, par suite de la PARTICIPATION, sont affranchis depuis long-temps du paiement des primes qu'ils avaient à payer en échange du paiement du capital qui leur est garanti.

La PARTICIPATION se résume donc dans ces deux termes : élévation progressive du montant de l'assurance ou abaissement graduel de la prime et cela au choix de l'assuré qui pourra toujours régler son option d'après les convenances et les nécessités de sa position.

Cette part dans la MOITIÉ des bénéfices de la Compagnie, accordée aux *assurés pour la vie entière*, est d'autant plus importante pour eux, d'autant plus digne de fixer leur attention, qu'ils ne peuvent jamais souffrir des portes qui atteindraient la Compagnie qui les assure ; que celle-ci leur garantit, quoiqu'il arrive, le paiement d'un capital, et que la PARTICIPATION est pour eux un avantage qu'ils obtiennent de la libéralité de la Compagnie et qui ne leur coûte absolument rien.

Nous ajouterons que cette PARTICIPATION ne doit pas être regardée comme une simple éventualité. En effet, « les lois de la morta-» lité, ainsi qu'on l'a dit avec raison, permet-» tant de considérer comme certaine la pros-» périté constante des affaires de la Compa-» gnie, » chaque période do cinq ans pro-duira pour elle des bénéfices plus ou moins élevés auxquels les *assurés pour la vie en-tière* viendront participer.

Si les *assurances sur la vie*, favorisées sous un rapport en Angleterre par la consti-tution civile et politique de ce pays, y sont recherchées à ce point que le Royaume-Uni compte plus de cent Compagnies ayant ga-ranti à des assurés des capitaux s'élevant à plus de cinq milliards de francs, il faut re-connaître néanmoins que le développement et le succès de ces assurances sont dus en partie aux résultats de la PARTICIPATION.

Nous ne doutons pas que cette combinaison morale et encourageante par laquelle la *Com-pagnie d'Assurances Générales sur la vie* restitue la moitié de ses bénéfices à ceux qui les lui ont procurés ne favorise également en France l'extension de ces *assurances.*

II.

Rachat par la Compagnie du contrat d'assurance.

La *Compagnie d'Assurances Générales*, en accordant à *l'assuré pour la vie entière* la faculté de résilier sa police, pourvu qu'elle ait trois ans de date, et, en offrant de racheter elle-même ces polices ainsi résiliées, d'après les bases fournies par le calcul, la Compagnie, disons-nous, a fait du contrat d'assurance une valeur réalisable et lui a donné un caractère tout nouveau.

L'assuré ne craindra plus que ses économies soient totalement perdues, s'il était un jour forcé de renoncer au paiement de sa prime, puisque, dès le moment où son contrat lui deviendrait onéreux, la Compagnie serait toujours prête à en opérer le rachat. Il rentrerait alors dans une portion des sommes qu'il aurait précédemment versées, ou il demeurerait assuré pour un capital réduit, toujours payable à son décès, mais sans qu'il ait désormais aucune prime à payer.

EXEMPLES.

Un négociant a souscrit à 30 ans une assurance de 40,000 fr. payables à sa mort, moyennant une prime annuelle de 996 fr.

Désormais la Compagnie est engagée à rembonrser 40,000 fr. aux héritiers de cet assuré, quelle que soit l'époque de sa mort, et quand bien même a cette époque il n'aurait encore payé qu'un petit nombre de primes entre les mains de la Compagnie.

Dix ans après, ce négociant qui a payé 9,660 fr. se trouve dans l'impossibilité d'acquitter dorénavant ses primes. La Compagnie lui rachète sa police *au comptant*, s'il a besoin d'argent, et lui paie pour prix de ce rachat 4,514 fr. La différence entre cette somme qui lui est rendue et celle de 9,660 fr., montant des primes qu'il a versées est acquise à la Compagnie en échange des chances qu'elle a courues pendant la durée de l'assurance. Cependant, dira-t on, l'assuré n'est pas mort ; cela est vrai ; la Compagnie n'a pas eu à payer les 40,000 fr. qu'elle avait garantis ; cela est vrai encore. Mais elle n'en a pas moins été exposée, pendant dix années, à un risque dont elle doit trouver la compensation.

Si ce négociant désire seulement s'affranchir de sa prime annuelle sans vouloir priver ses héritiers du bénéfice de l'assurance qu'il a contractée sur sa vie, alors le rachat de sa police n'a plus lieu au *comptant*; il demeure assuré non plus pour un capital de 40,000 fr., puisqu'il cesse d'acquitter ses primes mais pour un capital de 9,634 fr., somme à peu près égale à celle de 9,660 fr., payées par lui en primes, comme nous venons de le dire, pendant les 10 années écoulées. Les sacrifices qu'il s'est imposés ne sont pas perdus ; il a créé une nue-propriété qui n'est plus soumise à aucune charge, c'est-à-dire, pour laquelle il ne paiera plus aucune prime ; et il sera encore libre de tirer parti du capital promis pour le jour de son décès, de le réaliser à son profit, de l'escompter au gré de ses nouvelles convenances.

———

On vient de voir par le premier de ces exemples que, souscrite d'abord dans l'intérêt de sa femme, de ses enfans, d'un tiers en un mot, l'assurance peut au gré de l'assuré, tourner à son avantage personnel et devenir pour lui, dans un moment de gêne ou d'embarras, une ressource précieuse.

Jusqu'à ce jour, le non paiement de la prime aux échéances fixées par la police, le décès de l'assuré à la guerre ou par suite des blessures qu'il y avait reçues, le décès de l'assuré sur mer ou pendant un voyage hors de l'Europe, annulaient l'assurance, à moins que la Compagnie, moyennant une augmentation de prime, n'eût consenti à couvrir ces risques. La *Compagnie d'Assurances Générales* renonce, à l'égard des polices souscrites depuis trois années au moins, à se prévaloir de ces causes de nullité. Le non paiement de la prime, les décès à la guerre, sur mer ou pendant un voyage hors de l'Europe, n'auront plus désormais pour effet que de réduire de plein droit la somme garantie par la Compagnie à la valeur réelle que la police d'assurance aurait eue, si, au jour du décès de l'assuré, la Compagnie en eût opéré le rachat.

La Compagnie, pour placer les assurés dans des conditions plus favorables que par le passé, et pour asseoir le contrat d'assurance sur de plus larges bases, a libéré ce contrat de toutes ses clauses de nullité. Elle ne maintient, d'accord en cela avec la morale publique, comme cas de nullité que le décès par suite de duel, suicide, ou exécution judiciaire.

III.

Prêts par la Compagnie sur le contrat d'assurance.

La *Compagnie d'Assurances Générales* cherchant à multiplier les combinaisons qui permettent à un *assuré pour la vie entière* de tirer parti de son contrat, prête à l'assuré, à un intérêt modéré, la somme qu'il demande jusqu'à concurrence de la valeur du titre.

L'assuré dans ce cas, n'aliène pas son contrat. Il rentre en jouissance de tous ses droits dès le moment où il rembourse la somme prêtée par la Compagnie, et, à la condition bien entendue, que, pendant la durée du prêt, il a continué le paiement de ses primes. S'il ne peut rembourser le prêt qui lui a été fait, il abandonne son contrat à la Compagnie comme si celle-ci en avait simplement opéré le rachat, sauf par cette dernière à lui tenir compte, s'il y a lieu, de la plus-value que le contrat pourrait avoir.

Ainsi, la *Compagnie d'Assurances Géné-rales* qui accorde aux *assurés pour la vie entière* la MOITIÉ de ses bénéfices, poursuit son œuvre libérale, et vient encore à l'aide des assurés soit qu'elle *rachète* leurs contrats d'assurance, soit qu'elle *prête* sur ces contrats.

IV.

Paiement des primes par semestre ou par trimestre.

La Compagnie, afin de faciliter le paiement des primes, consent, lorsqu'elles s'élèvent au moins à 200 francs par an, à ce que ce paiement ait lieu soit par semestre, soit par trimestre, avec une légère augmentation pour la différence d'intérêt. Toutefois, les calculs de la Compagnie étant basés sur la perception de primes annuelles, il y a lieu, lors du décès de l'assuré, de retenir sur le capital garanti les portions de primes nécessaires pour compléter dans son intégralité, la prime annuelle dont l'assuré n'aurait payé que le quart ou la moitié.

———

Enfin la Compagnie donne à TOUS SES AS-SURÉS, quelles que soient la durée ou la nature de leur contrat, la faculté de voyager par mer d'un port à l'autre de l'Europe sans être astreints dorénavant à payer, outre les primes ordinaires, une prime supplémentaire précédemment exigée et sans qu'il soit besoin de lui en faire la déclaration.

***

Quelle objection sérieuse élèverait-on aujourd'hui contre le contrat d'assurance ainsi perfectionné? L'assuré n'est-il pas à l'abri de toute inquiétude puisque, si sa vie se prolonge, sa *participation* dans la MOITIÉ des bénéfices de la Compagnie compense, et au-delà, les sacrifices qu'il s'impose; puisque, en aucun cas, les économies qu'il a consacrées à une assurance ne peuvent être désormais perdues. La *Compagnie d'Assurances Générales sur la vie* en faisant jouir les assurés de tous les avantages qu'elle pouvait leur accorder appelle donc à elle tous les pères de famille, tous les hommes prévoyans qui se rendront compte des heureux résultats que présentent les *assurances sur la vie entière.*

CHAPITRE V.

CONDITIONS GÉNÉRALES DU CONTRAT D'ASSURANCES POUR LA VIE ENTIÈRE.

—

ART. 1er. La prime doit être acquittée d'avance au domicile de la Compagnie, aux échéances fixées par la présente police, ou au plus tard dans les trente jours suivans.

A défaut de paiement dans ce délai, la police est annulée de plein droit si elle a moins de trois ans de date, et les primes payées sont acquises à la Compagnie.

Lorsqu'elle a trois ans de date ou davantage, elle est réduite de plein droit, à la valeur qu'elle aurait eue, si le rachat en avait été proposé au jour de l'échéance de la prime non payée, sans que la Compagnie ait à tenir compte d'aucun intérêt, à quelque époque que la réclamation lui soit faite.

ART. 2. Lorsque la Compagnie a consenti à recevoir la prime annuelle par fractions, en paiemens trimestriels ou semestriels, si l'assuré meurt avant que la prime de l'année courante soit intégralement payée, le montant des paiemens qui restaient à faire est retenu en compensation sur la somme due par la Compagnie, et ce, par la raison que les tarifs des primes sont calculés d'après le paiement anticipé de la prime annuelle.

ART. 3. La Compagnie rachète à la demande des intéressés les polices qui sont en cours depuis trois années au moins, et en rembourse, sans aucune retenue, la valeur déterminée au jour du rachat, suivant les règles de calcul arrêtées par délibération du Conseil d'Administration, lesquelles feront loi entre les parties.

ART. 4. L'assuré peut transmettre la propriété de la présente par un endossement régulier exprimant la valeur fournie, conformément aux art. 137 et 138 du Code de commerce; l'ayant-droit a la même faculté, mais il est tenu de produire le consentement écrit de l'assuré, ou de justifier que le cessionnaire a intérêt à l'existence de l'assuré; dans ce dernier cas, le transfert doit être approuvé par la Compagnie.

ART. 5. La déclaration constatant l'âge de l'assuré, le lieu de sa résidence, sa profession, l'état habituel de sa santé, sert de base au présent contrat : toute réticence, toute fausse déclaration de la part, soit du contractant, soit du tiers assuré, qui diminuerait l'opinion du risque ou en changerait le sujet, annulle l'assurance.

ART. 6. Si l'assuré perd la vie par suite de duel, suicide, ou par l'exécution d'une condamnation judiciaire, il s'en suit nullité de la présente, et les primes payées sont acquises à la Compagnie.

ART. 7. La Compagnie est exempte des risques de mort à la guerre, ou par suite des blessures qu'on y aurait reçues, des risques de séjour ou voyages hors des limites de l'Europe, et des risques de voyages par mer, sauf ce qui va être dit à l'art. 8 ci-après, à moins qu'elle n'ait consenti expressément à courir ces risques moyennant une augmentation de prime.

Lorsque la police a trois ans de date, ou davantage, le décès de l'assuré par suite d'un des risques dont la Compagnie est exempte a pour effet de réduire de plein droit la somme assurée à la valeur qu'aurait eue la police si le rachat en avait été proposé au jour du décès, sans que la Compagnie ait à tenir compte d'aucun intérêt à quelque époque que la réclamation lui soit faite.

Si la police a moins de trois ans de date, elle est annulée de plein droit, et les primes payées sont acquises à la Compagnie.

Art. 8. Tous assurés autres que ceux exerçant la profession de marins ont la faculté de se rendre par mer, aux risques de la Compagnie, d'un port d'Europe à un autre port d'Europe, par navire à voiles ou à vapeur, sans augmentation de prime, et sans qu'il soit besoin d'en faire la déclaration à la Compagnie.

Art. 9. Tout assuré qui aura fait un service militaire de deux années, en temps de guerre, postérieurement à la date de cette police, sera tenu de payer une augmentation d'un cinquième sur la prime, ou de subir une réduction équivalente sur le capital assuré.

Si de son vivant l'assuré n'a pas fait cette option, la somme exigible à son décès sera, de plein droit, réduite d'un cinquième.

Art. 10. La moitié des bénéfices nets produits par les assurances pour la vie entière est répartie entre toutes les polices dans la proportion du bénéfice produit par chacune d'elles ; cette répartition a lieu à la suite des inventaires de la Compagnie dressés par elle de cinq ans en cinq ans, le premier embrassant la période du 1er janvier 1842 au 31 décembre 1846.

Ne seront admises à la répartition des bénéfices que les polices qui auront au moins un an de date, et seront en cours au dernier jour de la période quinquennale.

Art. 11. Le Conseil d'administration a seul le

droit de déterminer les bases et modes de calcul qui servent à établir le chiffre des bénéfices réalisés. Il fixe également le montant des frais généraux et autres à la charge des assurances sur la vie entière, pour obtenir le chiffre des bénéfices nets. Il détermine aussi les parts de bénéfices afférentes à chaque police.

Les comptes ainsi dressés et approuvés par l'Assemblée générale des actionnaires font loi à l'égard des assurés, et nul n'est admis à les critiquer.

ART. 12. Tout propriétaire de police a le choix de recevoir sa quote-part de bénéfice :

1° Soit en argent comptant;

2° Soit en une augmentation équivalente du capital assuré;

3° Soit enfin en une réduction équivalente de la prime annuelle.

ART. 13. Si le propriétaire de la police ne fait pas connaître son opinion dans le délai de trois mois, à dater du 1er mai qui suivra l'échéance de la période quinquennale, il est présumé de droit avoir opté pour l'augmentation du capital assuré.

ART. 14. Les sommes dues par la Compagnie au décès des assurés sont payées comptant et à Paris au domicile de la Compagnie sans aucune retenue, sur la remise de cette police et des pièces justificatives, l'une desquelles constatera le genre de maladie ou d'accident qui aura causé le décès de l'assuré.

CHAPITRE VI.

ASSURANCES TEMPORAIRES.

—

L'assurance temporaire est un contrat par lequel la Compagnie s'engage à payer une somme au décès de *l'assuré*, aux personnes qu'il aura désignées, si ce décès a lieu dans un intervalle déterminé d'un an, cinq ans, dix ans ou de tout autre nombre d'années.

Si cette *assurance* est faite pour dix années, par exemple, et que, la dixième année expirée, *l'assuré* soit vivant, la Compagnie est libérée de son engagement et les primes qui lui ont été versées lui demeurent acquises en échange du risque qu'elle a couru.

EXEMPLE.

Un homme laborieux, qui exerce une profession lucrative ou qui est à la tête d'une entreprise avantageuse, se croit certain de créer dans un temps donné, dans dix ans, par exemple, la fortune et le bien-être de sa famille. Mais il réfléchit que si la mort venait à le surprendre, il perdrait le fruit de ses travaux, et qu'il laisserait peut-être ses enfans dans une situation précaire. Pour prévenir ce malheur, il a recours à une *assurance temporaire*. Il fait assurer sur sa vie, pour 10 années, une somme de quelque importance, soit 50,000 fr. S'il est âgé de 40 ans, il paiera annuellement une prime de 1,000 fr.

Or, de deux choses, l'une. Si notre assuré survit à cet espace de temps, il aura dépensé sans profit, il est vrai, une certaine somme; mais au bout de ces 10 années il aura sans doute réalisé ses espérances; ses talens ou son travail auront enrichi l'avenir de ses enfans. S'il meurt, au contraire, pendant cette même période, il leur laissera le bénéfice de son assurance, c'est-à-dire 50,000 fr., achetés par un paiement en prime qui n'aura pu excéder 9 à 10,000 fr.!

———

La personne qui s'assure pour cinq ans doit payer chaque année pendant cette période, et par chaque somme de 100, 1,000 ou 10,000 fr. qu'elle veut laisser à son décès les primes suivantes :

âge.	pour 100 fr.	pour 1,000 fr.	pour 10,000 fr.
30	1 fr. 61 c.	16 fr. 10 c.	161 fr.
35	1 77	17 70	177
40	1 99	19 90	199
45	2 31	23 10	231
50	2 82	28 20	282

Assurance pour dix ans.

âge.	pour 100 fr.	pour 1,000 fr.	pour 10,000 fr.
30	1 fr. 68 c.	16 fr. 80 c.	168 fr.
35	1 86	18 60	186
40	2 12	21 20	212
45	2 53	25 30	253
50	3 15	31 50	315

CHAPITRE VII.

ASSURANCES DE SURVIE.

—

L'*assurance de survie* est un contrat par lequel la Compagnie s'engage à payer un capital ou à servir une rente à une personne désignée par l'*assuré*, mais seulement dans le cas où cette personne, qui doit avoir le bénéfice de l'assurance, survivrait à l'assuré.

EXEMPLE.

M. Laurent voulut laisser à sa femme, dans le cas où il mourrait avant elle une somme de 20,000 fr. afin de lui garantir une position indépendante. Il s'adressa à une *Compagnie d'assurances* qui s'engagea à payer ce capital à sa femme *si elle lui survivait*, à la charge par lui de payer annuellement une prime de 580 fr. Cette prime était calculée 1° sur l'importance du capital, 2° sur l'âge du mari qui avait alors 40 ans, 3° enfin sur l'âge de la femme âgée de 30 années. Mme Laurent reçut au jour même du décès de son mari, et après l'accomplissement des plus simples formalités, les 20,000 fr. promis par la *Compagnie d'assurances*.

Si Mme Laurent, au profit de qui l'assurance avait été faite, fut morte avant son mari, la Compagnie eût acquis les primes qui lui auraient été versées, et toute obligation cessait de part et d'autre.

Un fils, seul appui de sa vieille mère, doit craindre de la laisser sans ressources s'il mourait avant elle. Quel plus noble emploi peut-il faire de ses économies que de contracter au profit de sa mère, une *assurance de survie!* De quelle triste pensée ne sera-t-il pas délivré! Il a 39 ans et sa mère est parvenue à sa soixantième année; eh bien! qu'il paie annuellement une prime 116 fr., et il garantira à sa mère, pour le cas où l'ordre de la nature serait interverti, une rente viagère de 1,000 fr.

Telles sont les différentes formes sous lesquelles peuvent être faites les *assurances en cas de mort.*

Nous avons dit plus haut que toutes les classes de la société étaient appelées à jouir des avantages attachés aux *assurances sur la vie.* Les exemples ne nous manqueront pas à l'appui de cette opinion.

CHAPITRE VIII.

APPLICATIONS DIVERSES DES ASSURANCES EN CAS DE MORT.

———

Ce n'est pas assez pour nous de rappeler ici que l'objet essentiel de ces *assurances* est de donner à l'assuré les moyens de laisser une pension à sa veuve, un héritage à ses enfans; nous devons encore rechercher quelles sont les personnes qui, par leur position, sont le plus intéressées à faire chaque année une économie de quelques centaines de francs pour la consacrer à une assurance.

Dans ce nombre se trouvent non seulement le chef de famille qui travaille à sa fortune ou qui exerce un commerce, une industrie dont les résultats reposent sur sa tête, mais encore les propriétaires, les avocats, les médecins, les hommes de lettres, les artistes, etc.; les employés en activité ou en retraite, les pensionnaires de l'Etat, etc.; les ouvriers, les journaliers, etc.

Propriétaires.

Chaque père de famille, quelle que soit sa position, est sans cesse préoccupé de l'avenir de ses enfans. Le propriétaire foncier lui-même éprouve le besoin d'accroître le patrimoine qu'il possède, et qu'il veut transmettre aux siens. Il calcule, s'il a plusieurs enfans, que son héritage, divisé après sa mort, ne donnera à chacun d'eux qu'une médiocre aisance. Ses efforts tendent donc à augmenter sa fortune ; aussi cherche-t-il à donner l'emploi le plus productif aux épargnes annuelles que son esprit d'ordre et sa prévoyante sollicitude le portent à faire. Sous ce rapport, une *assurance sur la vie entière*, telle que la *Compagnie d'Assurances Générales* en règle aujourd'hui le contrat, lui offre le moyen de placer, avec autant de sécurité que d'avantage, les économies successives qu'il prélève sur ses revenus, et de créer en faveur de ses héritiers un capital important qui souvent n'aura coûté que de faibles sacrifices.

C'est ce capital, immédiatement disponible à sa mort, qui fera face aux frais et charges de la succession, et qui facilitera en outre le partage entre ses enfans de l'héritage qu'il leur laissera, sans qu'il soit nécessaire de recourir soit à une vente, soit à un emprunt. C'est sur ce capital, en effet, que seront prélevées les *soultes*, c'est-à-dire les sommes qui doivent être payées pour rendre les portions égales dans un partage.

Un propriétaire veut conserver dans sa famille, en le laissant à son fils aîné, un domaine particulier, par exemple, la terre qui porte son nom ; mais si, à sa mort, cette terre excède la valeur des autres lots, il faudra nécessairement la morceler, .a vendre, l'hypothéquer, afin de rendre les lots égaux. *Une assurance sur la vie* donne à ce père de famille la certitude d'atteindre son but. Qu'il calcule de quel capital sa fortune doit être augmentée, pour que la terre patrimoniale ne représente que la valeur d'un lot, et qu'il fasse assurer ce capital sur sa vie. A son décès, les sommes que l'assurance aura produites serviront à parfaire la différence qui pourrait exister entre la valeur du domaine dont son fils aîné héritera, et la valeur des autres lots dont se composera sa succession.

Avocats, médecins, hommes de lettres, artistes, etc.

Les hommes qui exercent les professions libérales, qui n'ont aucun revenu fixe, et qui cependant entretiennent leur famille dans une aisance honnête, ne sont ils pas exposés, s'ils mouraient prématurément, à laisser sans moyen d'existence leurs femmes, leurs enfans, ou à ne leur léguer qu'un médiocre héritage ? Combien d'avocats, de médecins, d'artistes, d'écrivains, gagnent chaque année des sommes souvent élevées qu'ils dépensent en entier, sans penser à en consacrer une faible partie à une assurance dont une veuve, dont un fils reconnaissans profiteraient un jour ! Ils oublient donc la fragilité de notre vie; ils ne calculent donc pas que leur talent est une valeur qui, à leur mort, échappe sans retour à leur famille; ils ne vivent donc que pour eux, sans songer à ceux qui leur doivent survivre! Aussi que de familles, après avoir vécu honorablement, tombent dans la gêne, dans la misère même, alors qu'elles perdent leur chef, et cela parce que celui-ci n'a pas su prévenir pour les siens, par une *assurance sur la vie*, cette misère et cette gêne!

Ainsi donc, vous tous qui n'avez pas de patrimoine; vous qui jouissez d'un revenu qui doit cesser avec votre vie; vous qui emporterez au tombeau votre travail, votre industrie, votre activité, vos talens dont vivaient et vos familles et vous; semez vos économies sur le terrain fécond des assurances : vos héritiers en recueilleront les fruits en bénissant votre nom.

Employés — Pensionnaires.

Les personnes qui vivent du produit d'une place, comme les employés en activité; d'une pension ou d'une rente viagère, comme les employés en retraite et les pensionnaires de l'Etat, sont loin de penser, en général, que, moyennant un faible sacrifice annuel, ils peuvent laisser à leur mort un capital à leurs familles, qui peut-être demeureraient sans ressources.

C'est aux employés et aux pensionnaires de l'Etat à calculer le prélèvement qu'ils peuvent faire chaque année sur leurs appointemens ou sur la rente dont ils jouissent ; car, dans le système des *assurances*, on admet toutes les sommes, et toutes les sommes produisent. Avec une économie de 15 ou 20 fr. par mois (de 180 à 240 fr. par an), ils laisseront, pour le temps où ils ne seront plus, une assurance de plusieurs milliers de francs.

EXEMPLE.

Un employé, qui, à l'âge de 40 ans, ferait *assurer sur sa vie* une somme de 5 000 fr. n'aurait à payer chaque année jusques à son décès qu'une prime de 164 fr., c'est-à-dire ce qu'il dépense peut-être tous les ans sans utilité. Lorsque cet employé aurait sa retraite, et que, ne touchant plus d'appointemens, il trouverait trop onéreux pour lui le paiement de sa prime, il demanderait que sa participation dans les bénéfices de la Compagnie fût appliquée à la réduction successive de cette prime.

Ouvriers.—Journaliers.

Souvent à la mort d'un ouvrier sa famille est plongée dans la plus affreuse détresse et obligée pour vivre d'implorer la charité publique. Les ouvriers sages et laborieux feront donc une bonne action, en même temps qu'ils accompliront un devoir, en épargnant chaque mois quelques francs pour assurer du pain à leur veuve et aux enfans qu'ils pourraient laisser orphelins.

Nous savons que les Caisses d'épargne sont ouvertes aux classes laborieuses. Le Gouvernement en propageant ces institutions a développé l'amour du travail et de l'ordre; « il » créé, comme on l'a dit, des capitalistes à la » place des prolétaires, et trouve des amis et » des défenseurs dans tous ceux dont les » Caisses d'épargne font valoir les écono- » mies. »

Toutefois, les *Caisses d'épargne* ne vont pas au but que les *Compagnies d'assurances* se proposent d'atteindre. L'ouvrier qui place son argent à la Caisse d'épargne cherche à se créer une ressource pour les mauvais jours ou pour sa vieillesse. Celui qui fait une *assurance sur sa vie* assure des moyens d'existence à *d'autres lui-même*. La Caisse d'épargne pourvoit aux besoins physiques de l'ouvrier; les *assurances* satisfont aux besoins de son cœur. La Caisse d'épargne dit à l'ouvrier : *tu ne manqueras de rien*; les Compagnies d'assurances disent à l'assuré : *ils ne manqueront de rien*; et ce mot ILS désigne un père, une mère, une épouse, des enfans, tout ce qui réveille en nous les sentimens les plus tendres et les plus intimes. Pour mettre à la Caisse d'épargne, il suffit d'un simple calcul, d'un bon emploi de l'argent que la prévoyance conseille; pour entretenir une assurance, on obéit à un élan de l'âme, on s'oublie soi-même pour ne penser qu'aux autres.

D'un autre côté, la Caisse d'épargne ne donne pas la même somme que la Compagnie d'assurance. La première est fidèle et rend avec intérêt tout ce qu'elle a reçu; la seconde est fidèle et de plus libérale, car elle rend aux héritiers de l'assuré, au jour de son décès, une somme infiniment supérieure au montant des primes qui lui ont été payées.

Les Caisses d'épargne et les Compagnies d'assurance diffèrent donc dans les résultats qu'elles présentent, et cela se conçoit, puisque le *déposant* à la Caisse d'épargne et *l'assuré* ne sont pas guidés par la même pensée, par les mêmes intentions.

Ces deux Institutions cependant peuvent se prêter un mutuel appui. Que l'ouvrier, que l'artisan continuent à porter chaque semaine leurs économies à la Caisse d'épargne, puis, qu'à la fin de l'année, ils prélèvent sur la totalité de leur dépôt une somme destinée *à assurer* après eux un petit pécule à leur famille.

Si les artisans et les ouvriers suivent notre conseil, ils obtiendront un double avantage.

D'une part, en déposant leurs économies dans une Caisse d'épargne ils auront quelque argent devant eux et ils supporteront ainsi moins péniblement le manque de travail, les maladies passagères et les infirmités qu'un âge avancé amène trop souvent à sa suite.

D'une autre part, en employant une partie de leurs économies à *assurer sur leur vie* un capital quelque faible qu'il soit au profit de leurs femmes, de leurs enfans, ils auront, en mourant, la consolation de laisser après eux, au moins à l'abri de la misère, les plus chers objets de leur affection.

Les *assurances en cas de mort* reçoivent encore de nombreuses applications.

EXEMPLES.

Le marin, avant d'entreprendre un long voyage, avant de s'exposer aux dangers de la navigation ou à l'insalubrité d'un climat nouveau pour lui, songera que sa mort peut laisser sans moyens d'existence cette famille chérie qui reçoit peut-être ses derniers adieux. Aussi, dans sa prudence, ne s'exposera-t-il pas ses jours sans avoir fait une *assurance sur sa vie*; en d'autres termes, sans avoir obtenu la certitude que, s'il vient à périr, sa perte n'entraînera pas la ruine de ses enfans. « Si l'expédition que je tente, se dit-il, vient à réussir, je ne regretterai pas la prime d'assurance que j'aurai payée à une Compagnie. Les bénéfices de mon voyage couvriront, et au-delà, cette prime. Si je meurs, ma prévoyance portera ses fruits. »

M. Bardou, négociant devait quitter Paris pour

aller réaliser, dans diverses villes du continent, des opérations commerciales qu'il suivait depuis plusieurs années et auxquelles se rattachait tout l'avenir de sa famille. Quelques uns de ses amis lui firent sagement observer, avant son départ, que son absence devait être longue, qu'il pouvait mourir loin des siens, et que si un semblable malheur arrivait, sa fortune serait compromise, peut-être même perdue pour ses enfans Ils lui conseillèrent donc de contracter une *assurance sur sa vie*, afin de garantir à sa famille, dans le cas où il mourrait, tout ou partie de cette fortune. M. Bardou dédaigna cet avis ; il soutint que sa bonne santé rendait toute assurance inutile et il partit. Six mois plus tard, uns fièvre pernicieuse l'emportait en quelques jours, au moment même où une crise commerciale déjouait ses calculs, ses espérances, et portait le coup le plus funeste à ses intérêts. Sa femme et ses enfans apprirent en même temps et sa mort et leur ruine presque complète. L'assurance que le chef de cette famille avait refusé de souscrire eût cependant aidé celle-ci à supporter la double catastrophe qui la frappait !

Les négocians, les armateurs, qui font des expéditions pour les pays d'outre-mer, en confient souvent la gestion à des personnes dont l'intelligence et le zèle sont nécessaires au succès de l'entreprise. Supposons maintenant qu'une de ces personnes meure avant d'avoir achevé sa mission, avant d'avoir vendu, par exemple, la cargaison d'un navire ; l'armateur n'est-il pas exposé à perdre soit ses bénéfices, soit même une partie de ses capitaux ? Pour être indemnisé de cette perte éventuelle, Il peut faire une assurance à son profit sur la vie de celui qu'il aura chargé de ses intérêts, et cette assurance l'indemnisera de la perte que la mort de son mandataire peut lui faire subir.

Nous appelons sur l'exemple suivant l'attention des pères de famille, de ceux surtout qui marient leurs filles avec des négocians, des commerçans et qui veulent les garantir des pertes que leur ferait éprouver la mort de leur époux.

M. Di lier, en mariant sa fille avec M. Simon, négociant, la dota de 50,000 fr., qui furent destinés à donner une nouvelle extension aux affaires de M. Simon, homme capable et d'une moralité certaine. Toutefois, M. Didier, convaincu que le commerce est soumis à des chances infinie-, et que l'ordre et la bonne conduite ne préservent pas toujours un négociant de catastrophes ruineuses, fit assurer sur la vie de son gendre une somme de 50,000 francs. Cet acte de prévoyance ne devait pas être inutile. M. Simon, après plusieurs années prospères, éprouva successivement des pertes considérables ; l'infidélité d'un de ses commis et la faillite de deux de ses principaux cliens achevèrent sa ruine. Lui-même ne survécut que peu de temps au désastre de sa fortune. Sa femme, après avoir perdu sa dot, se serait donc trouvée sans ressources, si, à la mort de M. Simon, elle n'eût reçu de la Compagnie, qui avait contracté avec son père, les 50,000 francs montant de l'assurance faite sur la vie de son mari.

Un propriétaire, un capitaliste veulent-ils récompenser d'anciens serviteurs, faire des legs à des personnes qui leur sont chères, et cela sans nuire à leurs héritiers; veulent-ils encore doter un hôpital, une église, un établissement de charité; il leur suffit de contracter une assurance sur leur vie et de payer une prime qui se confond dans leurs dépenses annuelles. La somme que le paiement de ces primes doit produire après eux ne se trouvera-t-elle pas, en quelque sorte, en dehors de leur succession? Ces assurances, en cas de mort, favor sent donc des actes de bienfaisance, de piété, et permettent à l'homme riche, en consacrant à une assurance de cette nature une faible part de ses revenus, de rattacher son nom à quelque fondation pieuse, à quelque œuvre utile.

Les assurances en cas de mort telles que nous venons de les considérer ne profitent pas aux assurés. Ils n'en retirent même *indirectement* aucun bénéfice personnel; elles ne doivent leur procurer, pour tout avantage, que la satisfaction qui résulte de l'accomplissement d'un devoir. C'est ce que nous avons cherché à prouver par les exemples que nous avons cités.

Il arrive souvent, au contraire, que les *assurances en cas de mort* rendent à l'assuré un service *direct*, quoique ce soit une autre personne qui recueille, en définitive, les fruits de l'assurance, c'est-à-dire qui touche *la somme assurée*.

Le chapitre suivant fera connaître les principales transactions que favorise ce mode *d'assurances en cas de mort*.

CHAPITRE IX.

APPLICATIONS DIVERSES DES ASSURANCES EN CAS DE MORT.

—

(Suite et fin.)

L'assurance en cas de mort qui, comme nous venons de le dire, est conçue dans l'intérêt de celui qui la souscrit, bien qu'elle soit, en définitive, profitable à une autre personne, sert d'abord à donner des garanties à un prêteur, à un créancier.

EXEMPLES.

Un notaire, un avoué qui achètent une charge ont souvent besoin, pour en payer le prix, de recourir à un emprunt dont ils se libèrent annuellement sur les bénéfices de leur profession. Supposons qu'un de ces officiers publics veuille emprunter ainsi pour huit années une somme de 200,000 fr. Quels que soient son talent et sa probité, quelle garantie, s'il n'a pas de fortune, donnera-t-il à la personne qui, pleine de confiance en lui, serait disposée à lui prêter cette somme, mais qui pourrait craindre seulement que son débiteur ne mourût avant d'avoir acquitté sa dette ? Eh bien ! l'emprunteur offrira une garantie réelle en contractant une assurance sur sa vie au profit de capitaliste qui avancera les 200,000 fr. En effet, une fois l'assurance (1) contractée, si notre offi-

---

(1) L'emprunt étant fait pour huit années, l'assurance qui embrassera le temps nécessaire pour la libération totale, sera une assurance temporaire. (Voir chapitre III, parag. 3.)

cier public meurt avant de s'être complétement libéré, la *Compagnie d'assurances*, mise à son lieu et place par le contrat qu'elle aura signé, remboursera le capitaliste.

Un fabricant, pour donner un nouvel essor à son industrie, veut emprunter 20,000 fr. pour cinq années, convaincu qu'à l'expiration de ce temps il pourra rembourser cette somme sur les bénéfices qu'il aura réalisés ; mais cet homme ne présente pour toutes sûretés que sa moralité et le talent qui le distingue dans sa profession. S'il meurt avant d'avoir remboursé les 20,000 fr. qu'il emprunte, son industrie meurt avec lui, et le prêteur est exposé à perdre une partie de ses capitaux. Celui-ci demande donc que ses avances soient garanties par une assurance *temporaire*, souscrite à son profit par le fabricant. Si l'homme qui fait cet emprunt a 40 ans, et que le capital de 20,000 ait été prêté pour 5 ans, la prime annuelle à sa charge sera de 398 fr.

On voit par les précédens exemples que bien que l'*assurance* soit consentie au bénéfice de la personne qui livre ses capitaux, elle n'en rend pas moins service à l'assuré.

Ce mode *d'assurance en cas de mort* peut encore donner, avons-nous dit, des garanties à un créancier.

EXEMPLES.

Etes-vous créancier d'un débiteur qui soit dans l'impossibilité de rembourser une somme de quelque importance que vous lui auriez prêtée, mais qui puisse au moins acquitter annuellement une prime d'assurance? faites-appel à sa loyauté; demandez-lui de souscrire à votre profit un contrat d'assurance, de telle sorte que, grace à ce titre, vous puissiez rentrer à sa mort dans le montant de votre créance. Un homme âgé de 35 ans qui devrait 50,000 fr., assurerait à son créancier le remboursement de cette somme, en consentant à payer annuellement une prime de 1,420 fr. S'il peut s'imposer ce sacrifice et s'il est de bonne foi, hésitera-t-il à se libérer ainsi?

L'héritier d'une grande fortune a contracté des engagemens qu'il ne peut remplir. C'est vainement qu'il invoque l'opulente succession qui doit lui être un jour dévolue; car, s'il venait à mourir avant la personne dont il doit hériter, ses créanciers perdraient leurs droits sans retour et d'une manière absolue. Ceux-ci ont donc besoin d'une garantie plus réelle; ils l'obtiendront soit en exigeant que leur débiteur souscrive une *assurance sur sa vie* à leur profit, soit en contractant eux-mêmes à leur bénéfice une *assurance sur la vie* de ce débiteur, dont le *consentement, dans ce dernier cas, est au surplus nécessaire.*

Les agens d'affaires, qui, à ce titre, avancent des fonds sur rentes et pensions agiront prudemment en faisant *assurer* leurs déboursés *sur la vie* du rentier ou du pensionnaire. Le revenu viager dont ceux-ci jouissent s'éteint à leur mort, et sans une assurance faite sur la vie de ses cliens et avec leur consentement, l'agent d'affaires serait exposé à perdre au jour de leur décès l'argent qui ne lui aurait pas encore été remboursé.

L'exemple suivant prouvera qu'à l'aide d'une *assurance sur la vie* on peut faire un placement solide en achetant une rente viagère.

M. Durand, possesseur d'une rente viagère de 1,200 fr., veut vendre cette rente. M. David la lui achète moyennant une somme de 12,000 fr. par exemple, et devient immédiatement propriétaire de la rente de 1,200 fr.; mais celle-ci s'éteignant à la mort de M. Durand, M. David perdrait tout à la fois par cet événement et la rente qu'il a acquise et les 12,000 fr. qu'il a dépensés pour cette acquisition. Pour garantir le capital déboursé que fera M. David ? Il contractera une *assurance sur la vie* de M. Durand pour une somme égale à ce capital; et pendant l'existence du rentier viager, il percevra, à titre d'intérêt, la différence qui existera entre la rente qu'il aura achetée et la prime d'assurance qu'il paiera à une Compagnie.

Supposons donc que M. Durand ait 46 ans, M. David devra payer jusqu'à la mort du rentier viager une prime annuelle de 480 fr. (1). Il ne jouira plus, à la vérité, que de 720 fr. de rente, ce qui représentera l'intérêt à 6 % des 12,000 fr. employés, mais au décès de M. Durand, il rentrera, par le fait de son assurance, dans ses 12,000 fr.

Loin de nous la pensée d'analyser ici les ingénieuses combinaisons qui se groupent autour des *assurances en cas de mort*, soit

(1) En nombre rond, la prime réelle serait de 481 fr. 20 c.

que l'assurance ne profite qu'à la veuve de l'assuré, à ses enfans, à sa famille, ou ne réponde qu'aux besoins de son affection et de sa reconnaissance ; soit que l'assurance, ainsi que nous venons de le démontrer dans le courant de ce Chapitre, soit conçue dans l'intérêt de l'assuré. Aussi terminerions-nous ici la première partie de notre travail, si nous n'avions encore à considérer les *assurances en cas de mort* dans leur rapport avec les reprises dotales et les successions éventuelles.

Reprises dotales.

M. Benoît se marie avec Mlle Louvet qui lui apporte une dot de 20,000 fr. On sait que les parens de la femme, si elle vient à mourir sans survenance d'enfans, peuvent réclamer au mari la dot qu'il aura touchée et, ainsi qu'on le dit, exercer contre lui des *reprises dotales*. Après huit années de mariage, M. Benoît n'ayant pas eu d'enfans songea que la dot de sa femme était depuis longtemps engagée dans ses affaires ; que si plus tard il était appelé à rendre les 20,000 fr. qui constituaient cet apport, un semblable remboursement pourrait être pour lui la cause de graves embarras, d'une gêne momentanée ou la source de pénibles discussions. Aussi, pour parer à cet événement imprévu, pour s'affranchir de cette responsabilité, il s'adressa à une Compagnie d'assurances, et fit assurer, à son profit, sur la vie de sa femme, dans le cas où celle-ci mourrait avant lui, un capital équivalent à la dot qu'elle avait reçue en mariage et qu'il pourrait être un jour appelé à restituer.

M. Benoît ayant alors atteint l'âge d e 40 et sa femme ayant 30 ans, la prime annuelle s'éleva à 582 fr. pour un capital de 20,000 fr.

Successions éventuelles.

Une assurance enfin nous permet quelquefois de rendre certains pour nous les résultats d'une succession qui n'est encore qu'éventuelle ; c'est-à- dire, et pour mieux nous faire comprendre, qu'une assurance peut nous garantir un héritage que nous attendons , il est vrai, mais dont un fait indépendant de notre volonté nous priverait.

EXEMPLE.

PAUL doit hériter de 5',000 fr. de Pierre, si Pierre survit à Jacques ; dans le cas contraire, PAUL n'hérite pas. Voilà donc PAUL, la Partie intéressée, placé en présence d'une succession qui peut lui advenir, mais qui peut aussi lui échapper par suite d'un événement qu'il ne saurait empêcher, par la mort de Pierre. Eh bien! que PAUL fasse assurer sur la vie de Pierre et de Jacques les 50,000 fr. qu'il attend dans cette succession ; qu'il suppose lui-même que Pierre mourra avant Jacques et que dès lors ses prétentions à l'héritage cesseront d'exister. Or, quelle sera désormais la position de PAUL assuré? Ou il héritera directement et par ce seul fait que Jacques mourra avant Pierre, et les primes qu'il aura payées seront bien compensées par la succession qu'il recevra; ou il n'héritera pas, et alors il sera dédommagé par le contrat d'assurance qu'il aura souscrit.

Si Pierre et Jacques sont tous deux âgés de 40 ans, la prime annuelle que Paul dèvra payer pour recevoir de la Compagnie d'assurances le capital de 50,000 fr., au cas où Pierre mourrait avant Jacques, sera de 1,345 fr. (2 fr. 69 c. pour 100 fr.).

Les *assurances en cas de mort* sont encore susceptibles d'autres applications, mais comme celles-ci se présentent dans la pratique moins fréquemment que celles que nous venons d'indiquer, nous terminerons ici les explications que nous nous proposions de donner sur cette nature d'assurances.

Avant de passer à l'analyse des Assurances en cas de vie qui forment, ainsi que nous l'avons dit au Chapitre II, la seconde classe des assurances, nous chercherons à faire comprendre par quelles simples combinaisons les Compagnies peuvent tenir les engagemens qu'elles prennent envers l'assuré.

CHAPITRE X.

COMMENT LES COMPAGNIES D'ASSURANCES PEUVENT REMPLIR LES ENGAGEMENS QU'ELLES CONTRACTENT.

Nous avons dit, en exposant les diffé-rentes combinaisons auxquelles se prêtent les *assurances en cas de mort*, que les Compagnies rendent aux héritiers de l'assuré des sommes « *hors de toute proportion* » avec les primes que cet assuré peut avoir payées jusqu'à sa mort. Il nous reste à expliquer par quel mécanisme, si nous osons nous exprimer ainsi, les *Compagnies d'assurances* peuvent se montrer si libérales.

Les capitaux que les Compagnies paient à la mort des assurés ne proviennent que du montant des primes versées par ceux-ci, et des intérêts accumulés que le placement des primes produit.

Maintenant comment une *Compagnie* peut-elle donner 10,000 fr., par exemple, aux héritiers d'un assuré qui, ayant contracté une assurance à trente ans, n'aura peut-être versé, à sa mort, dans la caisse de la Compagnie, que quatre ou cinq primes de 249 fr. (1) (soit 996 fr. ou 1,245 fr)? C'est que d'autres assurés, dépassant le terme moyen de la vie, paient en primes, jusqu'à leur décès, une

(1) Voir l'exemple cité page 8.

somme supérieure à celle qu'ils se proposent de laisser après eux. La Compagnie, dans ce cas, reçoit de ces assurés plus d'argent qu'elle ne doit en rembourser à son tour; elle est donc en possession d'un excédant. Or, cet excédant sert précisément à combler la différence qui existe entre la faible somme que certains assurés, morts prématurément, auront payée en primes, et le capital que la Compagnie a garanti.

On voit par ce qui précède que les *Compagnies d'assurances* ne remplissent que le rôle de répartiteur, réunissant en un fonds commun toutes les primes qu'elles touchent, les intérêts de ces primes, et payant aux héritiers des assurés, entrés ainsi dans une espèce d'association, un capital fixé par le contrat d'assurance.

Toutefois, la *Compagnie d'Assurances Générales*, en introduisant dans le système des *assurances sur la vie* tous les perfectionnemens que les Compagnies anglaises ont depuis long-temps adoptés, ne se borne pas à ce simple rôle. Elle répond aux sacrifices que s'imposent les *assurés pour la vie entière*, en accordant à ceux-ci, sous le titre de PARTICIPATION, la moitié des bénéfices qu'elle réalise, bénéfices légitimes que nous regardons comme une des meilleures garanties qu'une Compagnie puisse présenter aux assurés.

IIe DIVISION.

CHAPITRE XI.

DES ASSURANCES EN CAS DE VIE.

Nos lecteurs n'auront point oublié la division que nous avons établie au chapitre II entre les *Assurances en cas de mort* et les *Assurances en cas de vie*. Ils se rappelleront que ces dernières profitent directement à la personne de l'assuré ; que l'engagement de la Compagnie qui assure n'a d'effet que de son vivant ; tandis que les *assurances en cas de mort*, toujours subordonnées à la condition du décès de l'individu assuré, ne peuvent profiter qu'à ses héritiers, légataires, etc. Aussi avons-nous cherché à démontrer, dans le cours des explications qui précèdent, que les pères de famille devaient rechercher particulièrement, s'ils étaient guidés par une sage prévoyance, les *assurances en cas de mort*. Quant aux célibataires qui veulent augmenter leurs ressources pour l'avenir, et trouver pour leurs épargnes un placement fructueux et certain ; quant aux époux sans postérité, qui désirent doter leur vieillesse de plus d'aisance, c'est aux *assurances en cas de vie* qu'ils demanderont ces avantages.

CHAPITRE XII.

Observations préliminaires.

De toutes les *Assurances en cas de vie*, la plus connue est la constitution de *rentes viagères*, c'est-à-dire payables pendant la durée de la vie. Le rentier faisant dans cette opération l'abandon complet du capital qu'il possède en échange de la rente qu'on lui sert, obtient nécessairement un intérêt plus élevé que s'il faisait valoir le même capital en en conservant la propriété. Ce placement en viager est ce qu'on appelle vulgairement un placement à fonds perdu.

Les *rentes viagères* comportent plusieurs systèmes ; avant de les exposer, nous examinerons s'il n'est pas plus avantageux pour les rentiers d'effectuer ces placemens dans des *Compagnies d'assurances sur la vie* que chez des particuliers.

On croit généralement qu'une hypothèque (1) est la meilleure garantie pour une opération de cette nature.

Cette opinion soulève de graves objections.

On ne peut mettre en doute qu'une hypo-

---

(1) L'hypothèque est un droit réel sur les immeubles affectés à l'acquittement d'une obligation. (Code civil, art. 2114.)

thèque en ordre utile sur une propriété d'une
valeur considérable ne soit une grande sûreté
pour le rentier qui place ses fonds sur un particulier. Cette garantie, cependant, n'est-elle
pas trop souvent illusoire? Tantôt c'est une
hypothèque antérieure, une reprise dotale,
cachées avec soin par celui qui reçoit les capitaux du rentier, et qui viennent absorber le
gage de celui-ci ; tantôt c'est la propriété qui
se détériore, et qui devient insuffisante pour
assurer la solidité du placement. Admettons
maintenant que l'hypothèque soit valablement
assise sur un immeuble en bon état; qui ré-
pondra au rentier viager de la solvabilité, de la
bonne foi de son débiteur ? Frustré dans ses
droits, le rentier, dira-t-on, aura la ressource
d'un procès en expropriation ; triste ressource
en vérité que celle qui se traduit en frais à
avancer, en temps à perdre! Le rentier sera-
t-il d'ailleurs en mesure de faire face à ces
frais? Pourra-t-il supporter la privation de
son revenu jusqu'à l'issue d'une longue action judiciaire? Ces débats, ces contestations
ne troubleront-ils pas, en tous cas, la vie pai-
sible que recherchent avant tout les rentiers
viagers, qui se composent en général de personnes âgées.

Dans les *Compagnies d'assurances sur la
vie* les rentiers viagers sont tout-à-fait à l'a-
bri de semblables incertitudes.

Le rentier qui s'adresse à des particuliers,

obligés de débattre le taux de l'intérêt, obtient rarement des conditions en rapport avec son âge. Dans les Compagnies, le taux de l'intérêt est indiqué, pour chaque âge, par des tarifs que nous reproduirons.

L'exactitude dans le paiement des intérêts est, pour le rentier viager, après la solidité du placement, une condition essentielle. Dans les Compagnies, le paiement des rentes n'est sujet à aucune interruption, à aucun retard. Il a lieu à jour fixe. Celui qui consent au contraire à hypothéquer sa propriété pour contracter un emprunt est souvent obéré ; voudra-t-il, ou pourra-t-il toujours, s'il est absent, par exemple, servir régulièrement aux échéances les portions de la rente dont il est redevable ?

Enfin, on ne peut nier que le rentier viager n'éprouve un sentiment pénible à contracter avec une personne pour laquelle son existence est une charge onéreuse et qui lui reprochera en quelque sorte chaque année nouvelle qui s'ajoutera à sa vie. En traitant avec une Compagnie, le rentier est affranchi de cette répugnance. Les Compagnies n'opérant que sur des masses, ne connaissant pas même leurs rentiers n'ont point à désirer la mort de tels ou tels individus. Elles attendent patiemment que les lois de la nature s'accomplissent. Peu leur importe que des rentiers viagers jouissent d'une longue vie , puisque la mort prématurée d'autres rentiers compensera pour eux cette chance défavorable.

Nous pensons donc, en résumé, que les rentiers devront donner aux Compagnies la préférence sur les placemens hypothécaires.

Ces considérations, une fois posées, suivons les *rentes viagères* dans les modifications qu'elles peuvent subir.

CHAPITRE XIII.

DES RENTES VIAGÈRES.

(*Suite et fin.*)

—

Nous diviserons les *rentes viagères* en deux classes :

Les rentes viagères pures et simples.

Les rentes viagères constituées sur deux têtes.

I.

Rentes viagères,

La *rente viagère*, proprement dite, est celle qui, en conformité du tarif qui va suivre, se paie chaque semestre au rentier qui a versé un capital dans la caisse d'une *Compagnie d'assurances*.

Voici le tarif de l'intérêt que produit au rentier, d'après son âge, chaque somme de 100 fr. qu'il place viagèrement avec abandon

à la Compagnie des arrérages dus à son décès (1).

AGE du rentier.	RENTE d'un place-ment de 100 fr.	AGE du rentier.	RENTE d'un place-ment de 100 f.	AGE du rentier.	RENTE d'un place-ment de 100 f.
ANS.	fr. c.	ANS.	fr. c.	ANS.	fr. c.
41	6 . 22	54	8 . 19	68	11 . 47
42	6 . 32	55	8 . 40	69	11 . 73
43	6 . 44	56	8 . 60	70	12 . »
44	6 . 56	57	8 . 84	71	12 . 25
45	6 . 69	58	9 . 07	72	12 . 51
46	6 . 83	59	9 . 28	73	12 . 80
47	6 . 98	60	9 . 51	74	13 . 03
48	7 . 13	61	9 . 74	75	13 . 31
49	7 . 30	62	9 . 95	76	13 . 57
50	7 . 46	63	10 . 16	77	13 . 83
51	7 . 62	64	10 . 41	78	14 . 13
52	7 . 80	65	10 . 68	79	14 . 47
53	7 . 99	66	10 . 94	80	14 . 89
		67	11 . 20		

Il ne faut pas conclure du tableau qui précède que le rentier, qui contracte avec une
Compagnie à l'âge de 41 ans et qui reçoi'
d'elle un intérêt de 6 fr. 22 c. pour 100 francs.
recevra un intérêt plus élevé à mesure qu'il
avancera en âge. Le rentier touche pondan'
toute sa vie l'intérêt attribué à l'âge qu'il avait

(1) Les taux d'intérêt ci-dessous éprouveraient une
légère diminution si le rentier désirait réserver à ses
héritiers les arrérages qui seraient dus à son décès.

au moment où il stipulait qu'une *rente viagère* lui serait payée en échange de son capital.

On voit d'après le tarif ci-dessus que moyennant le paiement d'une somme de 20,000 fr.,
qui ne rapporte ordinairement que QUATRE
pour cent, c'est-à-dire HUIT CENT francs, une
Compagnie d'assurances sert une rente de
1396 fr. à celui qui s'assure à 47 ans soit 7 0|0
1598   —   —   53   —   8 0|0
1814   —   —   58   —   9 0|0
2032   —   —   63   —   10 0|0
2240   —   —   67   —   11 0|0
2450   —   —   71   —   12 0|0
2662   —   —   75   —   13 0|0

Cette *rente viagère* n'existe que sur la personne du rentier et celui-ci une fois mort, la
Compagnie est libérée de la rente qu'elle ser-
vait.

Rentes viagères constituées sur deux têtes. (2)

La *rente viagère* peut être constituée *sur
deux têtes*; c'est-à-dire qu'elle revient soit en
totalité, soit en partie, suivant la stipulation
faite avec la Compagnie, à celui des deux rentiers qui survit à l'autre. Cette opération con-
vient à deux époux sans enfans, à deux frères,

(1) Dans les exemples indiqués dans ce paragraphe,
nous avons encore supposé les rentes viagères faites
avec abandon à la Compagnie des arrérages dus au
décès de l'assuré.

à deux sœurs, à deux amis. Ils jouissent ensemble de la rente qu'ils se sont créée et le survivant continue à recevoir cette rente.

EXEMPLE.

M. et Mme Dubois ayant atteint, le mari l'âge de soixante ans et la femme l'âge de cinquante ans, placèrent une somme de 30,000 fr. afin d'obtenir une rente viagère constituée sur leurs deux têtes. Tant qu'ils vécurent, ils eurent, en raison de l'âge où ils étaient parvenus, la jouissance d'une rente de 1,980 fr. Mme Dubois vint à mourir quelques années après cet arrangement ; M. Dubois continua à recevoir jusqu'à son décès de la *Compagnie d'assurances* qui avait encaissé les 30,000 fr., la totalité de la rente.

Un vieillard que nous appellerons M. Marchand, et qui n'avait après lui aucun héritier direct, voulut récompenser son serviteur Georges qui, depuis vingt années, l'avait environné des soins les plus dévoués, en lui laissant une pension viagère de 600 fr. A cet effet, M. Durand constitua une rente de pareille somme sur leurs deux têtes, et s'en réservant la jouissance jusqu'à son décès, il en assura la réversibilité sur Georges. Pour acquérir, sous cette condition, une rente viagère de 600 fr., M. Marchand dut payer un capital de 8,498 fr., étant arrivé à l'âge de 70 ans, et Georges se trouvant dans le cours de sa cinquante-unième année (1).

Les bienfaisantes intentions du maître s'accomplirent, et il mourut dans les bras de son ser-

---

(1) L'âge des deux rentiers viagers sert toujours de base à la fixation du revenu que doit produire un capital une fois pa-

viteur avec la douce pensée que Georges était désormais à l'abri du besoin.

———

On voit par les deux exemples qui précèdent que la *Compagnie d'assurances* n'est affranchie du service de la rente qu'elle s'est engagée à fournir que par la mort des deux titulaires. On comprend dès-lors que la Compagnie, dont les charges augmentent, exige un capital plus élevé pour une rente de 1,500 fr., par exemple, constituée sur deux têtes, que pour la même rente de 1,500 fr. qui s'éteindrait à la mort d'un seul rentier.

———

Une personne qui verse un capital pour obtenir une *rente viagère* trouve souvent insuffisant le taux de l'intérêt attribué à son âge ; elle souhaite un revenu supérieur à celui que la Compagnie lui paierait immédiatement aux termes de ses tarifs. Pour obtenir de son capital l'intérêt qu'elle désire, il suffit à cette personne de ne pas recevoir sa rente pendant un petit nombre d'années ; et cette rente, replacée elle-même en viager, lui fait obtenir l'intérêt plus élevé qu'elle voulait avoir.

Ces rentes, que l'on appelle *rentes viagères différées* conviennent aux personnes d'un âge peu avancé, qui, vivant de leur travail ou de leur industrie, peuvent se priver de leur rente pendant un certain nombre d'années. Elles en augmentent alors considérablement l'importance pour le temps où elles voulent en jouir.

CHAPITRE XIV.

GARANTIES MORALES ET MATÉRIELLES
OFFERTES
PAR LA COMPAGNIE D'ASSURANCES GÉNÉRALES.

—

Les assurés, de quelque nature que soit l'assurance, doivent reposer dans une tranquillité d'esprit, dans une sécurité parfaite, qui ne peuvent leur être acquises qu'en raison des garanties qui leur sont offertes par les assurances. Sous ce rapport, la *Compagnie d'Assurances Générales sur la vie* (1) donne à ses assurés la plus complète satisfaction.

Les garanties qui environnent les opérations de la Compagnie sont morales et matérielles. Au nombre des garanties morales vient se placer l'intérêt de la Compagnie, qui lui fait une impérieuse loi de remplir fidèlement ses engagemens, puisqu'elle doit chaque jour se créer des relations nouvelles et recevoir de nouveaux capitaux.

La forme de cet Etablissement, l'approbation donnée par ordonnance royale à ses statuts, examinés en Conseil d'Etat, la haute position sociale de ses Administrateurs, nommés par l'assemblée générale des plus forts in-

Autorisée par ordonnance du roi du 22 décembre 1819. — Siége de la Compagnie, rue Richelieu, 97, à Paris. Cette Compagnie, qui assure également contre l'incendie et contre les risques de mer, a un fonds social distinct pour chaque branche de ses opérations, qui n'ont entre elles aucune solidarité.

téressés, la publicité donnée à ses opérations la reddition de ses comptes, qui sont adressé chaque année au Ministre de l'Intérieur et au Préfet de la Seine; tout concourt à donner aux assurés cette garantie, qu'en confiant à la *Compagnie d'Assurances Générales sur la vie* une partie de leur fortune et l'avenir de leurs familles, ils n'ont pas à craindre de voir compromis des intérêts aussi précieux.

A ces premières garanties vient se joindre une garantie matérielle non moins sérieuse, non moins appréciable. Nous voulons parler de la présence d'importans capitaux réalisés (1) qui s'augmentent successivement de réserves prélevées sur les bénéfices annuels de la Compagnie, bénéfices dont elle déverse une large part, ainsi que nous l'avons vu au chapitre IV, sur les ASSURÉS POUR LA VIE ENTIÈRE.

(1) La *Compagnie d'Assurances Générales sur la vie* présente un fonds total de garantie s'élevant à VINGT MILLIONS et employé comme suit:
En immeubles et placemens hypothécaires, 10,000,000
En valeurs sur l'État, 10,000,000

Impr. Lange Lévy et comp., rue du Croissant, 16